钢结构住宅主要构件尺寸指南

住房和城乡建设部科技与产业化发展中心
（住房和城乡建设部住宅产业化促进中心） 主编

U0202530

中国建筑工业出版社

图书在版编目（CIP）数据

钢结构住宅主要构件尺寸指南 / 住房和城乡建设部科技与产业化发展中心（住房和城乡建设部住宅产业化促进中心）主编. —北京：中国建筑工业出版社，2020.9
ISBN 978-7-112-25647-1

Ⅰ. ①钢… Ⅱ. ①住… Ⅲ. ①住宅－轻型钢结构－结构构件－尺寸－指南 Ⅳ. ①TU241-62②TU392.504-62

中国版本图书馆 CIP 数据核字（2020）第 235904 号

责任编辑：田立平　牛　松
责任校对：李美娜

钢结构住宅主要构件尺寸指南
住房和城乡建设部科技与产业化发展中心
（住房和城乡建设部住宅产业化促进中心）　主编

*

中国建筑工业出版社出版、发行（北京海淀三里河路9号）
各地新华书店、建筑书店经销
北京红光制版公司制版
廊坊市海涛印刷有限公司印刷

*

开本：850 毫米×1168 毫米　1/32　印张：1¾　字数：44 千字
2021 年 1 月第一版　　2021 年 1 月第一次印刷
定价：**12.00** 元
ISBN 978-7-112-25647-1
（36371）

中华人民共和国住房和城乡建设部
公 告

2020年 第178号

住房和城乡建设部关于发布
《钢结构住宅主要构件尺寸指南》的公告

为落实《国务院办公厅关于大力发展装配式建筑的指导意见》（国办发〔2016〕71号），开展绿色建筑创建行动，进一步推动钢结构住宅发展，我们组织编制了《钢结构住宅主要构件尺寸指南》，现予以发布。

本指南在住房和城乡建设部门户网站（www.mohurd.gov.cn）公开，并由中国建筑工业出版社出版发行。

中华人民共和国住房和城乡建设部

2020年7月31日

《钢结构住宅主要构件尺寸指南》
编 审 名 单

编写组成员：

文林峰	张守峰	王 喆	王元清	许 航	武 振
冯仕章	李庆伟	孙晓彦	胡育科	罗永峰	王成波
孙 伟	苏 磊	张海宾	张艳霞	田学伯	景 亭
班慧勇	李 煜	马张永	洪 奇	张子彦	谢木才
钱增志	朱海军	郭 庆	郑建敏	何建中	谢 娜
刘 钊	张朝辉	蒋义平	陈 曦	孟 振	马 彪
韩 华	许金勇	王 军	刘志伟	田朋飞	杜阳阳
韩 叙	王晓舟	袁冬艳	王定河		

审查组组长： 岳清瑞　侯兆新

审查组成员： 范 重　郁银泉　王立军　姜尚清
　　　　　　　戴立先　陈振明

主编单位：

　　住房和城乡建设部科技与产业化发展中心
　　（住房和城乡建设部住宅产业化促进中心）

参编单位：

　　中国建筑设计研究院有限公司
　　中国建筑标准设计研究院有限公司
　　清华大学
　　中建科工集团有限公司
　　中国钢结构协会

中国建筑金属结构协会

同济大学

北新建材集团有限公司

北京建谊投资发展（集团）有限公司

山东莱钢绿建发展有限公司

北京建筑大学

天津市中重科技工程有限公司

杭州铁木辛柯建筑结构设计事务所有限公司

中国钢铁工业协会

甘肃建投钢结构有限公司

北汇绿建集团有限公司

北京津西绿建科技产业集团有限公司

北京首钢建设集团有限公司

中铁建设集团有限公司

中建三局绿色产业投资有限公司

浙江东南网架股份有限公司

龙元明筑科技有限责任公司

包头钢铁（集团）有限责任公司

河北建筑设计研究院有限责任公司

日照钢铁控股集团有限公司

日照大象房屋建设有限公司

上海钢之杰钢结构建筑系统有限公司

南京钢铁股份有限公司

天津市房屋鉴定建筑设计院

华通设计顾问工程有限公司

安徽富煌钢构股份有限公司

目　录

1 概　　述

1.1　编制目的与适用范围

1.1.1　为贯彻执行国家技术经济政策，将标准化理念贯穿于钢结构住宅设计、制作、施工、运营维护全过程，引导型钢生产企业与设计单位、施工企业就构件常用截面形式、尺寸和长度等进行协调统一，推进构件标准化，提高效率，节约成本，提升钢结构住宅整体建造水平，制定本指南。

【注释】

钢结构住宅的发展亟需提高构件的标准化，亟需加强型钢生产企业与设计单位、施工企业的信息沟通和协同作业，共同确定使用频率较高的型钢构件作为标准化构件，从源头上推进这些标准化构件在设计、生产、施工环节的应用，以标准化、社会化生产代替定制化、小规模加工方式，这是钢结构住宅转变建造方式的重要基础之一。

制定《钢结构住宅主要构件尺寸指南》，全面推进型钢构件标准化，有利于全面打通钢结构住宅设计、构件生产和工程施工环节，建立构件标准化体系，实现构件产品标准化，推进全产业链协同发展；有利于扩大生产企业的型钢构件市场份额，全面提升设计单位和施工企业的效率，在一定程度上降低钢结构住宅的建设成本；有利于推进供给侧改革，推动钢结构住宅产业向标准化、规模化迈进，进一步提升钢结构住宅的品质和效能。

1.1.2　本指南适用于钢结构住宅用热轧型钢构件、冷成型型钢构件及其组合构件的工厂化生产和设计选用，包括对构件的编码规则、常用长度、常用截面形式和尺寸、连接节点等进行规定。

【注释】

按本指南，型钢生产企业对钢结构住宅设计单位、施工企业所需的使用频率较高的型钢构件，包括热轧型钢构件、冷成型型钢构件及其组合截面构件进行工厂化生产、系列化配套，加大市场化、社会化供应。设计单位、生产企业和施工企业可把本指南作为钢结构型钢表的重要补充，对构件的常用截面尺寸进行比选，提高设计和施工效率，进一步推进钢结构住宅的品质、效能和经济效益的提升。

1.1.3 本指南适用于钢结构住宅中的梁、柱、支撑及低层冷弯薄壁型钢结构中的构件。

1.2 基 本 规 定

1.2.1 钢结构住宅构件常用截面形式、尺寸和长度应根据使用频率以及经济性、适用性原则进行确定，并应符合现行国家标准《建筑模数协调标准》GB/T 50002 的有关规定。

【注释】

本指南梁、柱的常用截面形式、尺寸和长度是根据相关构件生产、设计、施工单位提供的钢结构住宅工程项目实例，按照一定的使用频率筛选，并综合考虑模数标准、生产要求等因素确定的，具有较好的工程适用性和可操作性。本指南构件截面是按照 M/2 的整数倍数为原则进行选择，构件长度是按照 1M、3M 的整数倍数为原则进行确定。

1.2.2 钢结构住宅构件常用截面形式、尺寸和长度的确定，除应与建筑功能空间、结构系统、外围护系统、内装系统、设备与管线系统相互协调外，还应与构件生产、运输、施工安装相互协调。

【注释】

钢结构住宅设计时，首先应根据标准化、模数化原则确定建筑方案，根据建筑方案确定结构布置，最终确定梁、柱和支撑的截面尺寸和长度。梁、柱和支撑的实际生产长度，应为梁、柱和支撑的长度扣除构件两端的构造做法之后的数值。同时，钢结构详图深化单位应根据加工工艺进行最终校核。

1.2.3 钢结构住宅的构件宜选用本指南提供的构件常用截面形式、尺寸和长度。

设计人员在选用本指南所列构件截面时，尚应符合国家现行有关标准的规定。

【注释】

设计人员应根据抗震等级、所选钢号、构件延性等相关要求，按照现行国家标准《建筑抗震设计规范》GB 50011、《钢结构设计标准》GB 50017 和《钢管混凝土结构技术规范》GB 50936 中构件板件宽厚比等相关规定，选取本指南中的构件。

1.2.4 本指南钢材选用应符合现行国家标准《碳素结构钢》GB/T 700、《低合金高强度结构钢》GB/T 1591、《连续热镀锌和锌合金镀层钢板及钢带》GB/T 2518 等的规定；还应符合国家现行标准《建筑抗震设计规范》GB 50011、《钢结构设计标准》GB 50017、《装配式钢结构建筑技术标准》GB/T 51232、《高层民用建筑钢结构技术规程》JGJ 99、《低层冷弯薄壁型钢房屋建筑技术规程》JGJ 227 等的规定。

1.3 构件与节点类型

1.3.1 构件类型

1 梁可分为框架梁和非框架梁。截面形式可采用热轧 H 型钢。

2 柱中的框架柱可采用热轧 H 型钢、方（矩）形钢管及组合异形柱。

3 支撑可采用热轧 H 型钢和方（矩）形钢管。

1.3.2 节点类型

1 梁柱连接节点是框架梁与框架柱的连接节点，通常为刚性连接节点或铰接连接节点。

2 梁梁连接节点是非框架梁与框架梁的连接节点，通常为刚性连接节点或铰接连接节点。

3 支撑连接节点是支撑与梁柱节点、框架梁的连接节点，通常为刚性连接节点或铰接连接节点。

4 构件拼接节点包括柱与柱的拼接节点和梁与梁的拼接节点。

1.4 构件编码规则

1 钢框架梁编码规则：GKL-截面形式-截面尺寸-构件长度。

其中：GKL ——钢框架梁；

截面形式——H（热轧 H 形），形式代号以本指南为准；

截面尺寸——用"高度（H）×宽度（B）×腹板厚度（t_w）×翼缘厚度（t_f）"表示；

构件长度——按构件轴线长度确定，以 mm 计。

示例：GKL-H400×200×8×13-6000。

2 非框架钢梁编码规则：GL-截面形式-截面尺寸-构件长度。

其中：GL——非框架钢梁，即梁端均不与钢框架柱连接的钢梁；

截面形式——H（热轧 H 形），形式代号以本指南为准；

截面尺寸——用"高度（H）×宽度（B）×腹板厚度（t_w）×翼缘厚度（t_f）"表示；

构件长度——按轴线长度确定，以 mm 计。

示例：GL-H300×150×6×9-3000。

3 钢框架柱编码规则：GKZ-截面形式-截面尺寸-构件长度。

其中：GKZ——钢框架柱；

截面形式——H（热轧 H 形）、□（方（矩）形管），形式代号以本指南为准；

截面尺寸——H 形用"高度（H）×宽度（B）×腹板厚度（t_w）×翼缘厚度（t_f）"表示；方形用"高度（H）×厚度（t）"表示；矩形用"高度（H）×宽度（B）×厚度（t）"表示；

构件长度——按名义长度确定。

示例：GKZ-H300×300×10×15-9000；

GKZ-□300×10-9000；

GKZ-□300×200×12-9000。

4 非框架钢柱编码规则：GZ-截面形式-截面尺寸-构件长度。

其中：GZ——钢柱，除钢框架柱及楼梯柱以外的其他钢柱；

截面形式——H（热轧 H 形）、□（方（矩）形管），形式代号以本指南为准；

截面尺寸——H 形用"高度（H）×宽度（B）×腹板厚度（t_w）×翼缘厚度（t_f）"表示；方形用"高度（H）×厚度（t）"表示；矩形用"高度（H）×宽度（B）×厚度（t）"表示；

构件长度——按名义长度确定。

示例：GZ-H200×200×8×12-3000；

GZ-□200×6-3000；

GZ-□300×150×8-3000。

5 组合异形柱编码规则：YXZ-截面形式-截面尺寸-构件长度。

其中：YXZ——组合异形柱；

截面形式——包括 L 形、T 形、十字形三种。

截面尺寸——由"高度（H）×宽度（B）×厚度（t）"表示；

构件长度——按名义长度确定。

示例：YXZ-L400×400×200-9000；

YXZ-T600×600×200-9000；

YXZ-十600×600×200-9000。

6 支撑编码规则：ZC-截面形式-截面尺寸-构件长度。

其中：ZC——支撑；

截面形式——H（热轧 H 形）、□（方（矩）形管），形式代号以本指南为准；

截面尺寸——H 形用"高度（H）×宽度（B）×腹板厚度

（t_w）×翼缘厚度（t_f）"表示；方形用"高度（H）×厚度（t）"表示；矩形用"高度（H）×宽度（B）×厚度（t）"表示；

构件长度——按名义长度确定。

示例：ZC-H200×200×8×12-8100；

ZC-□200×8-8100；

ZC-□300×150×12-8100。

7 **冷弯薄壁型钢构件编码规则**：LW-截面形式-截面尺寸-构件长度。

其中：LW——冷弯薄壁型钢；

截面形式——C（冷弯 C 形）、U（冷弯 U 形），形式代号以本指南为准；

截面尺寸——C 形用"腹板高度（H）×翼缘宽度（B）×厚度（t）"表示；U 形用"腹板高度（H）×翼缘宽度（B）×厚度（t）"表示；

构件长度——按名义长度确定。

示例：LW-C89×41×1.0-3600；

LW-U92×40×1.0-3000。

2 梁构件尺寸

2.1 一般规定

2.1.1 本章适用于钢结构住宅常用热轧 H 型钢梁。

【注释】

　　本章所列部分截面尺寸超出现行国家标准《热轧 H 型钢和剖分 T 型钢》GB/T 11263—2017 范围，属于本指南补充内容。

2.2 梁构件常用长度

2.2.1 框架梁常用轴线长度可按表 2.2-1 确定，非框架梁常用轴线长度可按表 2.2-2 确定。

【注释】

　　经统计样本工程项目框架梁和非框架梁轴线长度数据，按较高的使用频率筛选确定常用轴线长度尺寸。

框架梁轴线长度　　　　　表 2.2-1

序号	轴线长度（mm）
1	3000
2	3300
3	3600
4	3900
5	4200
6	4500
7	4800
8	5100
9	5400
10	5700
11	6000
12	6300
13	6600
14	6900
15	7200

序号	轴线长度（mm）
1	2700
2	3000
3	3300
4	3600
5	3900
6	4200
7	4500
8	4800
9	5100
10	5400
11	5700
12	6000

非框架梁轴线长度　　　　　　表 2.2-2

2.2.2 梁的轴线长度与名义长度的关系见式（2.2）。

$$L = L_a - L_{zk} - L_{yk} \qquad (2.2)$$

式中：L ——梁的名义长度（mm），如图 2.2-1 和图 2.2-2 所示；

L_a ——梁的轴线长度（mm），见表 2.2-1 和表 2.2-2；

L_{zk}、L_{yk} ——分别为梁的左端扣除数和梁的右端扣除数（mm），
应根据梁端构造连接做法实际确定。

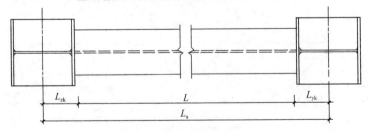

图 2.2-1　梁的轴线长度尺寸示意图
（以 H 型钢梁与 H 型钢柱连接为例）

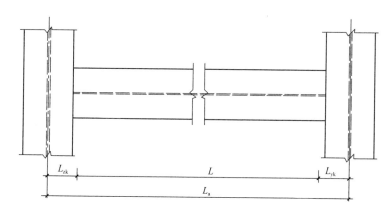

图 2.2-2　梁的轴线长度尺寸示意图（以梁与梁连接为例）

【注释】

梁的名义长度不同于下料尺寸，具体的下料尺寸还应根据连接节点形式、节点板厚度、加工预留量及安装误差等计算确定。

2.3　热轧 H 型钢梁常用截面尺寸

常用热轧 H 型钢梁的截面示意如图 2.3 所示，框架梁截面尺寸可按表 2.3-1 确定，非框架梁截面尺寸可按表 2.3-2 确定。

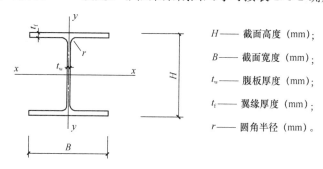

H —— 截面高度 (mm)；

B —— 截面宽度 (mm)；

t_w —— 腹板厚度 (mm)；

t_f —— 翼缘厚度 (mm)；

r —— 圆角半径 (mm)。

图 2.3　热轧 H 型钢梁截面图示

【注释】

表中截面为钢结构住宅框架梁和非框架梁常用截面，根据工程项目案例中较高使用率的框架梁和非框架梁截面数据统计得出。

框架梁常用热轧 H 型钢截面尺寸　　　　表 2.3-1

序号	框架梁截面 $H \times B \times t_w \times t_f$	H (mm)	B (mm)	t_w (mm)	t_f (mm)	备注
1	H300×150×6×9	300	150	6	9	
2	H300×150×8×15	300	150	8	15	A
3	H300×200×6×9	300	200	6	9	
4	H300×200×8×15	300	200	8	15	
5	H350×150×6×11	350	150	6	11	A
6	H350×150×6×19	350	150	6	19	A
7	H350×150×10×19	350	150	10	19	A
8	H350×200×6×11	350	200	6	11	
9	H350×200×10×19	350	200	10	19	
10	**H400×150×8×13**	400	150	8	13	
11	H400×150×10×21	400	150	10	21	
12	**H400×200×8×13**	400	200	8	13	A
13	H400×200×10×21	400	200	10	21	A
14	**H450×200×9×14**	450	200	9	14	
15	H450×200×10×23	450	200	10	23	
16	**H500×200×10×16**	500	200	10	16	
17	H500×200×12×24	500	200	12	24	
18	H500×300×12×24	500	300	12	24	
19	H600×200×12×26	600	200	12	26	
20	H600×300×12×26	600	300	12	26	

注：1　表中字体加粗的截面尺寸为现行国家标准《热轧 H 型钢和剖分 T 型钢》GB/T 11263—2017 中已有的截面尺寸。

2　备注中 A 表示该型钢截面尺寸使用频率较高。

非框架梁常用热轧 H 型钢截面尺寸

表 2.3-2

序号	非框架梁截面 $H×B×t_w×t_f$	H (mm)	B (mm)	t_w (mm)	t_f (mm)	备注
1	H150×100×5×7	150	100	5	7	
2	**H250×125×6×9**	250	125	6	9	A
3	H250×150×6×9	250	150	6	9	A
4	H300×150×6×9	300	150	6	9	A
5	H350×125×6×11	350	125	6	11	
6	H350×125×6×19	350	125	6	19	
7	H350×150×6×11	350	150	6	11	A
8	H350×150×6×19	350	150	6	19	A
9	H350×175×7×19	350	175	7	19	A
10	**H400×200×8×13**	400	200	8	13	A
11	H400×200×8×21	400	200	8	21	A
12	H500×200×8×16	500	200	8	16	
13	H500×200×8×24	500	200	8	24	

注：1 表中字体加粗的截面尺寸为现行国家标准《热轧 H 型钢和剖分 T 型钢》GB/T 11263—2017 中已有的截面尺寸。

2 备注中 A 表示该型钢截面尺寸使用频率较高。

3 柱构件尺寸

3.1 一般规定

3.1.1 本章适用于钢结构住宅常用的热轧 H 型钢柱、方（矩）形钢管柱以及组合异形柱等。

3.1.2 当采用组合异形柱时，截面形式为 L 形、T 形和十字形，且截面各肢的肢高与肢厚比不大于 4。

3.2 柱构件常用长度

3.2.1 钢结构住宅层高主要有 2800mm、2900mm、3000mm、3100mm 四种。

3.2.2 柱的名义长度与层高、拼接高度及基础埋深等因素有关，为了提高柱施工安装效率，低层住宅（地上 1~3 层）优先采用通高柱，多层和高层住宅柱宜一节 2~4 层，总长度一般不超过 12m。

柱的名义长度不同于下料尺寸，具体的下料尺寸还应根据连接节点形式、节点板厚度及安装误差等计算确定。

柱的名义长度与层高的关系可按式（3.2）确定。

$$H = H_{sz} + nH_b + H_{xz} \tag{3.2}$$

式中：H ——柱的名义长度（mm），如图 3.2 所示（图中，H_1 为首层层高，H_d 为顶层层高）；

H_b ——标准层层高（mm）；

n ——标准层层数，为控制柱名义长度不大于 12m，一般取 1~3；

H_{sz} ——上端增加数，首层和标准层的上端增加数为柱拼接高度，工程中接头距框架梁上方的距离一般取 1200~1300mm，具体如图 3.2（a）、3.2（b）所示；顶层柱的上端增加数为顶层层高 H_d，具体如

图 3.2 （c）所示；

H_{xz} —— 下端增加数，首层柱的下端增加数为首层层高 H_1，具体如图 3.2(a)所示；标准层和顶层柱的下端增加数取 H_b —（1200~1300），具体如图 3.2 (b)、3.2(c)所示。

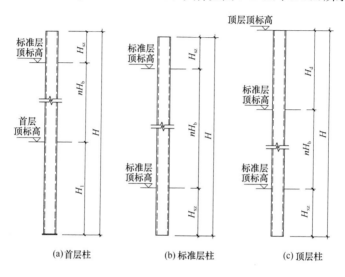

(a)首层柱　　　　　(b)标准层柱　　　　　(c)顶层柱

图 3.2　柱的名义长度示意图

3.3　热轧 H 型钢柱常用截面尺寸

3.3.1　热轧 H 型钢截面图示及标注符号如图 3.3 所示。

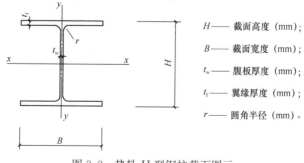

H —— 截面高度（mm）；

B —— 截面宽度（mm）；

t_w —— 腹板厚度（mm）；

t_t —— 翼缘厚度（mm）；

r —— 圆角半径（mm）。

图 3.3　热轧 H 型钢柱截面图示

13

3.3.2 柱常用热轧 H 型钢截面尺寸可按表 3.3 确定。

柱常用热轧 H 型钢截面尺寸 表 3.3

序号	钢柱截面 $H×B×t_w×t_f$	H (mm)	B (mm)	t_w (mm)	t_f (mm)	r_1 (mm)	备注
1	**H150×150×7×10**	150	150	7	10	8	
2	**H175×175×7.5×11**	175	175	7.5	11	13	
3	H200×150×8×12	200	150	8	12	13	
4	**H200×200×8×12**	200	200	8	12	13	A
5	**H250×250×9×14**	250	250	9	14	13	A
6	H300×200×8×15	300	200	8	15	13	A
7	**H300×300×10×15**	300	300	10	15	13	A
8	H350×250×9×19	350	250	9	19	13	
9	**H350×350×12×19**	350	350	12	19	13	A
10	**H400×400×13×21**	400	400	13	21	22	
11	H450×450×13×23	450	450	13	23	22	
12	H500×300×13×24	500	300	13	24	22	
13	H500×500×15×24	500	500	15	24	22	

注：1 表中字体加粗的截面尺寸为国家现行标准《热轧 H 型钢和剖分 T 型钢》
GB/T 11263—2017 中已有的截面尺寸。

2 备注中 A 表示该型钢截面尺寸使用频率较高。

3.4 方（矩）形钢管柱常用截面尺寸

3.4.1 方（矩）形钢管柱截面图示及标注符号如图 3.4 所示。

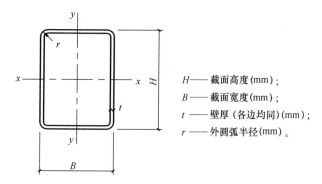

H——截面高度(mm)；

B——截面宽度(mm)；

t——壁厚（各边均同）(mm)；

r——外圆弧半径(mm)。

图 3.4 方（矩）形钢管柱截面图

3.4.2 柱常用方（矩）形钢管截面尺寸及适用范围可按表 3.4 确定。

柱常用方（矩）形钢管截面尺寸及适用范围 表 3.4

编号	方（矩）形钢管截面 $H \times B \times t$	H (mm)	B (mm)	t (mm)	适用范围			备注
1	□ 150×150×6	150	150	6	低层住宅及组合柱		—	A
2	□ 150×150×8	150	150	8			—	
3	□ 200×200×6	200	200	6			—	
4	□ 200×200×8	200	200	8			—	A
5	□ 200×200×10	200	200	10			—	A
6	□ 250×250×10	250	250	10			—	
7	□ 300×150×8	300	150	8		多层住宅	—	A
8	□ 300×150×10	300	150	10			—	A
9	□ 300×150×12	300	150	12			—	
10	□ 300×200×8	300	200	8			高层住宅	
11	□ 300×200×10	300	200	10				
12	□ 300×200×12	300	200	12				
13	□ 300×300×10	300	300	10				A
14	□ 300×300×12	300	300	12				

编号	方（矩）形钢管截面 H×B×t	H （mm）	B （mm）	t （mm）	适用范围		备注
15	□**350×350×10**	350	350	10	—		A
16	□**350×350×12**	350	350	12	—		
17	□400×150×10	400	150	10	—		A
18	□400×150×12	400	150	12	—		A
19	□400×150×14	400	150	14	—		
20	□**400×200×10**	400	200	10	多层 住宅		A
21	□**400×200×12**	400	200	12	—		A
22	□400×200×14	400	200	14	—		
23	□**400×250×12**	400	250	12	—		
24	□400×300×12	400	300	12	—		
25	□400×300×14	400	300	14	—		
26	□**400×400×12**	400	400	12	—	高层 住宅	A
27	□**400×400×14**	400	400	14	—		
28	□**450×450×14**	450	450	14	—	—	
29	□500×200×12	500	200	12	—	—	A
30	□500×200×14	500	200	14	—	—	
31	□500×200×16	500	200	16	—	—	A
32	□**500×300×12**	500	300	12	—	—	
33	□500×400×14	500	400	14	—	—	
34	□**500×500×14**	500	500	14	—	—	
35	□**500×500×16**	500	500	16	—	—	A
36	□500×500×20	500	500	20	—	—	
37	□500×500×22	500	500	22	—	—	

注：1 表中字体加粗的截面尺寸为现行国家标准《结构用冷弯空心型钢》GB/T
6728—2017 中已有的截面尺寸。

2 备注中 A 表示该型钢截面尺寸使用频率较高。

3.5 组合异形柱

3.5.1 组合异形柱可根据建筑使用功能应用于钢结构住宅中，有效解决钢柱突出墙面的问题。

3.5.2 组合异形柱可由方形钢管、H 型钢、T 型钢、C 型钢四类组件中的 1 种或 2 种组件，通过机械自动焊接组合而成。常用的组合异形柱的截面形式见附录 B。

【注释】

按截面组成形式可划分为：方形钢管组合异形柱、方形钢管＋T 型钢组合异形柱、方形钢管＋C 型钢组合异形柱、H 型钢组合异形柱和 H 型钢＋T 型钢组合异形柱。截面分肢可设计为 2～3 个组件。

组合异形柱截面的分肢厚度的常用取值包括 150mm、175mm、200mm 和 250mm。同一个组合异形柱中，H 型钢截面高度、方形钢管截面高度、C 型钢截面高度、T 型钢截面宽度应保持一致。

组合异形柱中 H 型钢、方形钢管的截面应从本指南的柱型钢截面尺寸表中选用。组合异形柱中 T 型钢应从表 3.5-1 中选用，C 型钢的截面应从表 3.5-2 中选用。

3.5.3 组合异形柱可采用的热轧 T 型钢截面图示及标注符号如图 3.5-1 所示。

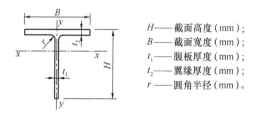

H——截面高度（mm）；
B——截面宽度（mm）；
t_1——腹板厚度（mm）；
t_2——翼缘厚度（mm）；
r——圆角半径（mm）。

图 3.5-1 热轧 T 型钢截面图示

组合异形柱常用热轧 T 型钢截面尺寸可按表 3.5-1 确定。

组合异形柱常用热轧 T 型钢截面尺寸　　表 3.5-1

序号	热轧 T 型钢组件 $H×B×t_1×t_2$	H (mm)	B (mm)	t_1 (mm)	t_2 (mm)	备注
1	T150×150×6.5×9	150	150	6.5	9	
2	T175×175×7×11	175	175	7	11	
3	T200×200×8×13	200	200	8	13	A
4	T225×200×9×14	225	200	9	14	
5	T250×200×10×16	250	200	10	16	

注：1　表中截面尺寸均为现行国家标准《热轧 H 型钢和剖分 T 型钢》GB/T 11263—2017 中已有的截面尺寸。

　　2　备注中 A 表示该型钢截面尺寸使用频率较高。

3.5.4 冷弯 C 型钢截面图示及标注符号如图 3.5-2 所示。

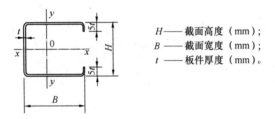

H——截面高度（mm）；
B——截面宽度（mm）；
t——板件厚度（mm）。

图 3.5-2　冷弯 C 型钢截面图示

组合异形柱常用冷弯 C 型钢截面尺寸可按表 3.5-2 确定。

组合异形柱常用冷弯 C 型钢截面尺寸　　表 3.5-2

序号	冷弯 C 型钢组件 $H×B×t$	H (mm)	B (mm)	t (mm)	备注
1	C150×150×4	150	150	4	A
2	C150×200×5	150	200	5	
3	C150×250×6	150	250	6	
4	C150×300×6	150	300	6	
5	C200×200×5	200	200	5	A
6	C200×250×6	200	250	6	
7	C200×300×6	200	300	6	

注：备注中 A 表示该型钢截面尺寸使用频率较高。

4 支撑构件尺寸

4.1 一般规定

钢结构高层住宅中一般应设置支撑，支撑可选用热轧 H 型钢构件和方（矩）形管构件。

钢结构装配式住宅中的支撑形式包括中心支撑、偏心支撑。

4.2 支撑构件常用长度

支撑的常用长度包括名义长度和几何长度。支撑的名义长度与几何长度的关系可按式（4.2）确定。

$$L_{C0} = L_C - L_{c\text{-}zk} - L_{c\text{-}yk} \qquad (4.2)$$

式中： L_{C0}——支撑的名义长度（mm）；

L_C——支撑的几何长度（mm），如图 4.2 所示，根据

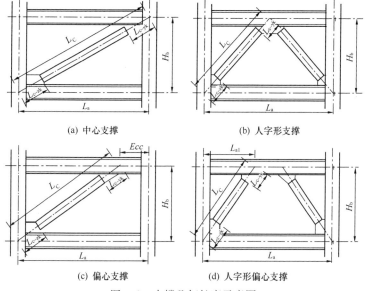

(a) 中心支撑 (b) 人字形支撑

(c) 偏心支撑 (d) 人字形偏心支撑

图 4.2 支撑几何长度示意图

本指南第 2.2 节的梁常用轴线长度 L_a 和本指南第 3.2 节的柱标准层高 H_b 确定：对于中心支撑，取 $L_C = \sqrt{L_a^2 + H_b^2}$；对于人字形支撑，取 $L_C = \sqrt{(L_a/2)^2 + H_b^2}$；对于偏心支撑，取 $L_C = \sqrt{(L_a - Ecc)^2 + H_b^2}$；对于人字形偏心支撑，取 $L_C = \sqrt{L_{a1}^2 + H_b^2}$；

L_{c-zk}、L_{c-yk}——支撑的左端扣除数和右端扣除数，根据具体的支撑连接构造确定，包括安装间隙，并应根据施工工艺扣除安装误差。

按照钢结构住宅常见层高和柱跨，支撑常用净加工尺寸可按 3200～6600mm 选用，以供设计和加工生产参考。

4.3 热轧 H 型钢支撑常用截面尺寸

支撑常用热轧 H 型钢截面尺寸可按表 4.3 确定。

支撑常用热轧 H 型钢截面尺寸   表 4.3

序号	框架梁截面 $H \times B \times t_w \times t_f$	H (mm)	B (mm)	t_w (mm)	t_f (mm)	备注
1	**H150×150×7×10**	150	150	7	10	A
2	**H200×200×8×12**	200	200	8	12	A
3	**H200×150×6×12**	200	150	6	12	
4	H300×200×8×15	300	200	8	15	
5	H350×250×9×19	350	250	9	19	

注：1 表中字体加粗的截面尺寸为现行国家标准《热轧 H 型钢和剖分 T 型钢》GB/T 11263—2017 中已有的截面尺寸。

    2 备注中 A 表示该型钢截面尺寸使用频率较高。

    3 表中截面特性可参照附录表 A-3 中同类截面信息。

4.4 方（矩）形钢管支撑常用截面尺寸

支撑常用方（矩）形钢管截面尺寸可按表 4.4 确定。

支撑常用方（矩）形钢管截面尺寸　　　　表 4.4

编号	截面 $H \times B \times t$	H （mm）	B （mm）	t （mm）	备注
1	**150×150×6**	150	150	6	
2	**150×150×8**	150	150	8	A
3	**200×200×8**	200	200	8	
4	**200×200×10**	200	200	10	A
5	**250×250×10**	250	250	10	A
6	300×150×10	300	150	10	
7	300×150×12	300	150	12	
8	**300×200×10**	300	200	10	
9	300×200×12	300	200	12	

注：1　表中字体加粗的截面尺寸为现行国家标准《结构用冷弯空心型钢》GB/T 6728—2017 中已有的截面尺寸。

2　备注中 A 表示该型钢截面尺寸使用频率较高。

3　表中截面特性可参照附录表 A-4 中同类截面信息。

5 低层冷弯薄壁型钢构件尺寸

5.1 一般规定

5.1.1 本章适用于由辊轧或冲压弯折形成的冷弯薄壁型钢为主要承重构件的低层板肋结构体系。低层冷弯薄壁型钢结构系统如图 5.1-1 所示。

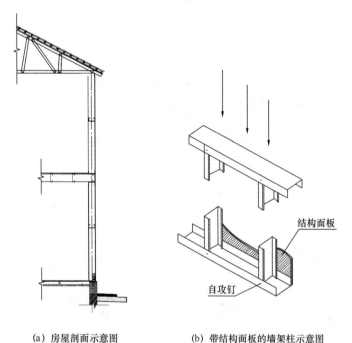

(a) 房屋剖面示意图　　　　(b) 带结构面板的墙架柱示意图

图 5.1-1　低层冷弯薄壁型钢结构系统示意图

5.1.2 基本构件宜采用 U 形截面和 C 形截面，常用的截面形式如图 5.1-2 所示。

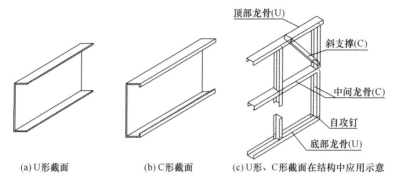

(a)U形截面   (b)C形截面   (c)U形、C形截面在结构中应用示意

图 5.1-2　冷弯薄壁型钢构件常用截面形式

【注释】

　　冷弯薄壁型钢是指在室温下将薄钢板通过辊轧或冲压弯折形成的各种截面的型钢。拼合截面是指由冷弯薄壁型钢槽形（U形）或卷边槽形（C形）截面构件连接组成的工字形、箱形或其他形式的截面。

5.1.3　冷弯薄壁型钢构件可以采用的拼合截面形式如图 5.1-3 所示。工字形和箱形截面构件适用于墙柱，抱合形组合截面适用于门窗洞口上方过梁及承受较大荷载的梁。

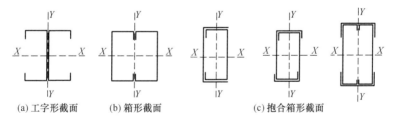

(a)工字形截面   (b)箱形截面   (c)抱合箱形截面

图 5.1-3　冷弯薄壁型钢构件常用的拼合截面形式

5.2　冷弯薄壁型钢构件常用长度

5.2.1　构件的常用轴线长度尺寸可按表 5.2 确定。

序号	常用轴线长度 L（mm）
	构件的常用轴线长度尺寸 表 5.2
1	600
2	900
3	1200
4	1500
5	1800
6	2100
7	2400
8	2700
9	3000
10	3300
11	3600
12	3900
13	4200
14	4500
15	4800
16	5100
17	5400
18	5700
19	6000

【注释】

根据国内冷弯薄壁型钢企业统计的工程经验数据，考虑到剪力墙最小计算宽度为 600mm，并考虑到承重梁柱等大跨构件较为经济的尺寸为不超过 6000mm，在此范围之间按照一定模数递增确定冷弯薄壁型钢构件常用长度。

5.2.2 竖向龙骨的名义长度与几何尺寸的关系可按式（5.2-1）确定。

$$L_{SX} = H - S_{sk} - S_{xk} \qquad (5.2\text{-}1)$$

式中：L_{SX} ——竖向龙骨的名义长度（mm）；

H ——框架的高度（mm），如图 5.2 所示；

S_{sk} ——上端扣除数，包括顶部龙骨的厚度、顶部龙骨与
竖龙骨的距离、安装误差等，一般取 2.5～5mm；

S_{xk} ——下端扣除数，包括底部龙骨的厚度、底部龙骨与
竖龙骨的距离、安装误差等，一般取 2.5～5mm。

5.2.3 横向龙骨的名义长度与几何尺寸的关系可按式（5.2-2）
确定。

$$L_{HX} = B - S_{zk} - S_{yk} \qquad (5.2\text{-}2)$$

式中：L_{HX} ——横向龙骨的名义长度（mm）；

B ——框架的宽度（mm），如图 5.2 所示；

S_{zk} ——左端扣除数，包括加工误差、安装误差等，一般
取 1～2mm；

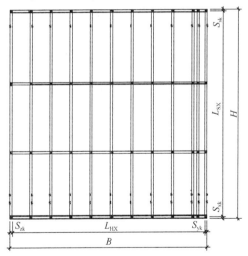

图 5.2 墙板龙骨的布置示意图

注：由于型钢存在加工误差及温度变形，为便于现场拼装、减少工作量，
规定构件长度允许偏差为负值，参考国内主流生产设备参数。上、下
端扣除长度建议取 3mm，左、右端扣除长度建议取 1mm，供设计和
加工生产参考。

25

S_{yk} ——右端扣除数，包括加工误差、安装误差等，一般取 1～2mm。

5.3 冷弯薄壁型钢构件常用截面尺寸

5.3.1 冷弯薄壁型钢 C 形钢截面图示及标注符号如图 5.3-1 所示。

冷弯薄壁型钢构件常用 C 形钢截面尺寸可按表 5.3-1 确定。

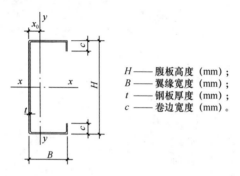

H —— 腹板高度（mm）；
B —— 翼缘宽度（mm）；
t —— 钢板厚度（mm）；
c —— 卷边宽度（mm）。

图 5.3-1　C 形钢截面

冷弯薄壁型钢构件常用 C 形钢截面尺寸　　　　表 5.3-1

序号	C 形钢截面 $H \times B \times t$	H（mm）	B（mm）	t（mm）	c（mm）	备注
1	C75×41×1.0	75	41	1.0	10	
2	C89×41×0.8	89	41	0.8	13	A
3	C89×41×1.0	89	41	1.0	13	A
4	C140×50×1.0	140	50	1.0	10	A
5	C140×50×1.2	140	50	1.2	10	A
6	C150×50×1.0	150	50	1.0	11	A
7	C150×50×1.2	150	50	1.2	11	A
8	C150×50×2.0	150	50	2.0	11	A
9	C180×50×1.0	180	50	1.0	20	
10	C180×50×1.6	180	50	1.6	20	

序号	C形钢截面 $H \times B \times t$	H (mm)	B (mm)	t (mm)	c (mm)	备注
11	C180×50×2.0	180	50	2.0	20	
12	C200×50×1.6	200	50	1.6	20	
13	C200×50×2.0	200	50	2.0	20	A
14	C250×50×1.6	250	50	1.6	11	
15	C250×50×2.0	250	50	2.0	11	
16	C300×50×2.0	300	50	2.0	20	

注：备注中 A 表示该型钢截面尺寸使用频率较高。

5.3.2 冷弯薄壁型钢 U 形钢截面图示及标注符号如图 5.3-2 所示。

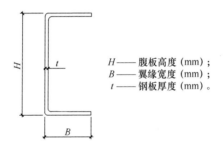

H——腹板高度 (mm)；
B——翼缘宽度 (mm)；
t——钢板厚度 (mm)。

图 5.3-2　U 形钢截面

冷弯薄壁型钢构件常用 U 形钢截面尺寸可按表 5.3-2 确定。

冷弯薄壁型钢构件常用 U 形钢截面尺寸　　表 5.3-2

序号	U形钢截面 $H \times B \times t$	H (mm)	B (mm)	t (mm)	备注
1	U75×40×1.0	75	40	1.0	
2	U92×40×1.0	92	40	1.0	A
3	U92×40×1.2	92	40	1.2	

序号	U 形钢截面 H×B×t	H (mm)	B (mm)	t (mm)	备注
4	U142×40×1.0	142	50	1.0	A
5	U142×40×1.2	142	50	1.2	
6	U152×50×1.0	152	50	1.0	A
7	U152×50×1.2	152	50	1.2	
8	U152×50×1.6	152	50	1.6	
9	U182×50×1.0	182	50	1.0	
10	U182×50×1.2	182	50	1.2	
11	U182×50×1.6	182	50	1.6	
12	U202×50×1.0	202	50	1.0	
13	U202×50×1.2	202	50	1.2	A
14	U250×57×1.2	250	57	1.2	A
15	U250×57×1.6	250	57	1.6	
16	U306×56×2.0	306	56	2.0	A

注：备注中 A 表示该型钢截面尺寸使用频率较高。

6 连接节点尺寸

6.1 一般规定

6.1.1 钢结构住宅标准化连接节点应满足安全、实用、便捷、高效的要求。

【注释】

本节主要针对钢结构住宅典型连接节点的选用及标准化设计提出要求，主要包括梁柱连接节点、主次梁连接节点、梁或柱本身的拼接节点及支撑与梁柱的连接节点。钢结构住宅的节点连接形式主要包括焊接连接、螺栓连接及栓焊连接，根据节点受力特征分为刚接、铰接。

6.1.2 构件在运输状态下，含连接节点的外轮廓宽度及高度尺寸，宜分别控制在 2.5m 及 3.0m 范围内。

【注释】

《中华人民共和国道路交通安全法实施条例》规定重型、中型载货汽车，半挂车载物，高度从地面起不得超过 4m；《超限运输车辆行驶公路管理规定》明确车货总高度从地面算起超过 4m 或车货总宽度超过 2.55m 的均属超限运输车辆情形。一般构件运输采用的货运平板车的车厢板距地高度不宜超过 1.0m。

6.1.3 连接节点详细构造及尺寸的确定应综合考虑管线布设、外围护墙体及内隔墙的相对位置、装修做法等影响因素，在现场实施前需全面复核。

6.2 常用连接节点选用要求

6.2.1 当柱选用热轧或冷成型的方（矩）形钢管时，梁柱连接节点宜采用隔板贯通式节点。当有可靠依据时也可采用其他节点连接方式。

6.2.2 梁下翼缘不适合采用隅撑保证侧向稳定时，可在其受压区段范围内设置横向加劲肋，如图6.2所示。

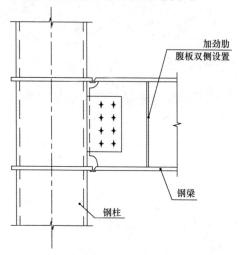

图6.2　梁下翼缘受压区横向加劲肋示意图

6.2.3 梁端部采用梁翼缘盖板式连接时，可在工厂整体加工成型。

6.3　常用典型节点构造要求

在满足设计要求的条件下，钢结构住宅典型连接节点构造尺寸示意与选用可参照图6.3和表6.3。

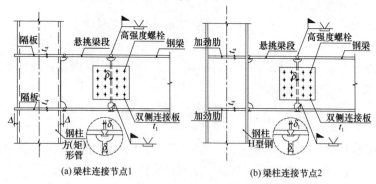

(a) 梁柱连接节点1　　　　　　　(b) 梁柱连接节点2

图6.3　连接节点构造尺寸示意（一）

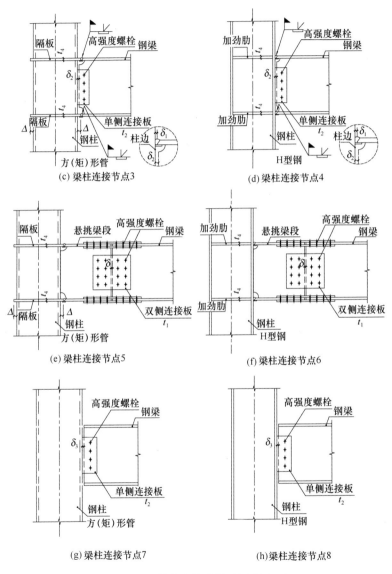

(c) 梁柱连接节点3

(d) 梁柱连接节点4

(e) 梁柱连接节点5

(f) 梁柱连接节点6

(g) 梁柱连接节点7

(h) 梁柱连接节点8

图 6.3　连接节点构造尺寸示意（二）

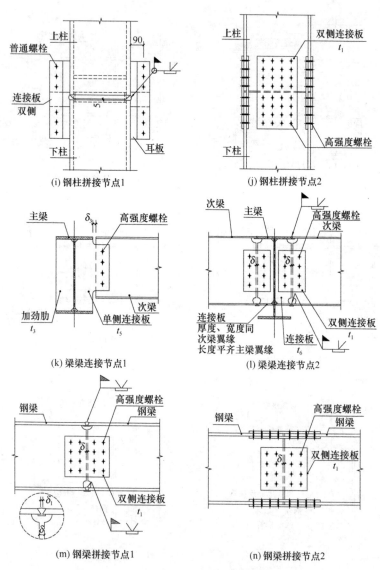

图 6.3 连接节点构造尺寸示意（三）

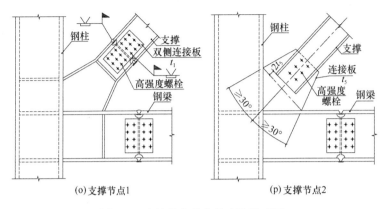

(o)支撑节点1　　　　　　　　(p)支撑节点2

图 6.3　连接节点构造尺寸示意（四）

【注释】

同一标准层的所有框架梁顶面标高宜相同，边框梁宜选用相同的截面高度。一般情况下实现住宅常见的降板的处理方式有两种，第一种是楼板厚度相同，通过调整梁面实现局部降板要求；第二种是梁面标高相同，通过调整楼板厚度实现局部降板，这种方式与隔板贯通式的节点做法相适应。尤其是采用热轧或冷成型的方矩形管时，框梁截面高度相同，梁面标高统一可减少构件节点加工的复杂程度，提高加工效率。对于卫生间等局部标高变化较大的情况，可采用在 H 型钢梁腹板两侧焊接钢板形成"王"字形截面来实现楼板标高升高或降低。

连接节点构造参数选用表　　　　　　　　　　　　表 6.3

钢梁腹板厚度（mm）	安装间隙（mm）				板件尺寸（mm）					
t_w	δ_1	δ_2	δ_3	δ	t_1	t_2	t_3	t_5	t_6	Δ
5	6	15	10	10	6	8	厚度同对侧连接板	8	6	25
6										
7						10		10	8	
8										

钢梁腹板厚度 (mm)	安装间隙 (mm)				板件尺寸 (mm)					
t_w	δ_1	δ_2	δ_3	δ	t_1	t_2	t_3	t_5	t_6	Δ
9	6	15	10	10	8	12	厚度同对侧连接板	12	10	25
10										
12					10	14		14	12	

注：1 表中 δ_1 按坡口角度为45°确定，当坡口角度变化时应根据现行国家标准《钢结构焊接规范》GB 50661确定。

2 钢柱隔板厚度 t_4 数值取对应钢梁翼缘厚度加 2～4mm，具体应以计算结果为准。

3 梁、柱采用全螺栓连接时，连接板件的厚度等参数应根据现行相关标准计算确定。

4 表中所有数据均为基本的构造取值参考，具体应满足相关规范标准要求。

附录 A 各类构件的截面尺寸、截面面积、理论重量和截面特性

框架梁热轧 H 型钢截面尺寸、截面面积、理论重量及截面特性

表 A-1

型号 (高×宽) (mm×mm)	截面尺寸 (mm)					截面面积 (cm²)	理论重量 (kg/m)	惯性矩 (cm⁴)		惯性半径 (cm)		截面模量 (cm³)	
	H_1	B_1	t_w	t_f	r			I_x	I_y	i_x	i_y	W_x	W_y
H300×150	300	150	6	9	13	45.4	35.6	7116	507	12.52	3.34	474	68
H300×150	300	150	8	15	13	68.1	53.4	10712	846	12.54	3.52	714	113
H300×200	300	200	6	9	13	54.4	42.7	9022	1201	12.88	4.7	601	120
H300×200	300	200	8	15	13	83.1	65.2	13760	2002	12.87	4.9	917	200
H350×150	350	150	6	11	13	54.1	42.5	11625	620	14.65	3.38	664	83
H350×150	350	150	6	19	13	77.2	60.6	17488	1070	15.05	3.72	999	143
H350×150	350	150	10	19	13	89.7	70.4	18501	1072	14.36	3.45	1057	143

型号 (高×宽) (mm×mm)	截面尺寸 (mm)					截面面积 (cm²)	理论重量 (kg/m)	惯性矩 (cm⁴)		惯性半径 (cm)		截面模量 (cm³)	
	H_1	B_1	t_w	t_f	r			I_x	I_y	i_x	i_y	W_x	W_y
H350×200	350	200	6	11	13	65.1	51.1	14787	1468	15.06	4.74	845	147
H350×200	350	200	10	19	13	108.7	85.3	23711	2537	14.77	4.83	1355	254
H400×150	400	150	8	13	13	70.4	55.2	18587	734	16.25	3.22	929	98
H400×150	400	150	10	21	13	100.3	78.7	26920	1185	16.38	3.43	1346	158
H400×200	400	200	8	13	13	83.4	65.4	23457	1736	16.77	4.56	1173	174
H400×200	400	200	10	21	13	121.3	95.2	34469	2804	16.86	4.8	1723	280
H450×200	450	200	9	14	13	95.4	74.9	32887	1870	18.56	4.42	1462	187
H450×200	450	200	10	23	13	133.9	105.1	48046	3071	18.94	4.79	2135	307
H500×200	500	200	10	16	13	112.3	88.1	46811	2138	20.42	4.36	1872	214
H500×200	500	200	12	24	13	151.7	119.1	64381	3208	20.6	4.59	2575	321
H500×300	500	300	12	24	13	199.7	156.8	91593	10808	21.41	7.35	3664	721
H600×200	600	200	12	26	13	171.2	134.4	103245	3476	24.55	4.5	3442	348
H600×300	600	300	12	26	13	223.2	175.2	146106	11709	25.58	7.24	4870	781

非框架梁梁热轧 H 型钢截面尺寸、截面面积、理论重量及截面特性

表 A-2

型号 (高×宽) (mm×mm)	截面尺寸 (mm)					截面面积 (cm²)	理论重量 (kg/m)	惯性矩 (cm⁴)		惯性半径 (cm)		截面模量 (cm³)	
	H_1	B_1	t_w	t_f	r			I_x	I_y	i_x	i_y	W_x	W_y
H150×100	150	100	5	7	8	21.3	16.8	845	117	6.29	2.34	113	23
H250×125	250	125	6	9	8	37	29	3965	294	10.35	2.81	317	47
H250×150	250	150	6	9	8	41.5	32.6	4618	507	10.55	3.49	369	68
H300×150	300	150	6	9	13	45.4	35.6	7116	507	12.52	3.34	474	68
H350×125	350	125	6	11	13	48.6	38.2	10045	359	14.37	2.71	574	57
H350×125	350	125	6	19	13	67.7	53.1	14883	620	14.83	3.02	850	99
H350×150	350	150	6	11	13	54.1	42.5	11625	620	14.65	3.38	664	83
H350×150	350	150	6	19	13	77.2	60.6	17488	1070	15.05	3.72	999	143
H350×175	350	175	7	19	13	89.8	70.5	20346	1699	15.05	4.34	1163	194
H400×200	400	200	8	13	13	83.4	65.4	23457	1736	16.77	4.56	1173	174
H400×200	400	200	8	21	13	114.1	89.6	33704	2802	17.18	4.95	1685	280
H500×200	500	200	8	16	13	102.9	80.8	45103	2136	20.93	4.55	1804	214
H500×200	500	200	8	24	13	133.6	104.9	61303	3203	21.42	4.89	2452	320

柱常用热轧 H 型钢的常用截面尺寸、截面面积、理论重量及截面特性

表 A-3

型号 (高×宽) (mm×mm)	截面尺寸 (mm)					截面面积 (cm²)	理论重量 (kg/m)	惯性矩 (cm⁴)		惯性半径 (cm)		截面模量 (cm³)	
	H_1	B_1	t_w	t_f	r			I_x	I_y	i_x	i_y	W_x	W_y
H150×150	150	150	7	10	8	39.6	31.1	1623	563	6.39	3.76	216	75
H175×175	175	175	7.5	11	13	51.4	40.4	2895	984	7.5	4.37	331	112
H200×150	200	150	8	12	13	51.5	40.45	3653	676	8.42	3.62	365	90
H200×200	200	200	8	12	13	63.5	49.9	4716	1602	8.61	5.02	472	160
H250×250	250	250	9	14	13	91.4	71.8	10748	3648	10.84	6.31	860	292
H300×200	300	200	8	15	13	83.1	65.2	13760	2002	12.87	4.9	917	200
H300×300	300	300	10	15	13	118.5	93	20186	6753	13.05	7.55	1346	450
H350×250	350	250	9	19	13	124.5	97.8	28667	4951	15.17	6.3	1638	396
H350×350	350	350	12	19	13	171.9	134.9	39846	13583	15.22	8.88	2277	776
H400×400	400	400	13	21	22	218.7	171.7	66621	22413	17.45	10.12	3331	1121
H450×450	450	450	13	23	22	263.6	206.98	103204	34944	19.78	11.5	4586	1553
H500×300	500	300	13	24	22	206.9	162.42	93672	10814	21.27	7.22	3746	721
H500×500	500	500	15	24	22	311.9	244.88	149635	50019	21.90	12.66	5985	2000

柱常用方（矩）形钢管截面尺寸、截面面积、理论重量及截面特性

表 A-4

型号（高×宽）(mm×mm)	截面尺寸（mm）				截面面积（cm²）	理论重量（kg/m）	惯性矩（cm⁴）		惯性半径（cm）		截面模量（cm³）	
	H	B	t	r			I_x	I_y	i_x	i_y	W_x	W_y
□150×150	150	150	6.0	12	33.6	26.4	1146	1146	5.84	5.84	153	153
□150×150	150	150	8.0	20	43.2	33.9	1412	1412	5.71	5.71	188	188
□200×200	200	200	6.0	12	45.6	35.8	2833	2833	7.88	7.88	283	283
□200×200	200	200	8.0	20	59.2	46.5	3566	3566	7.76	7.76	357	357
□200×200	200	200	10	25	72.6	57.0	4251	4251	7.65	7.65	425	425
□250×250	250	250	10	25	92.6	72.7	8707	8707	9.70	9.70	697	697
□300×150	300	150	8.0	20	67.2	52.8	7684	2623	10.69	6.25	512	350
□300×150	300	150	10	25	82.6	64.8	9209	3125	10.56	6.15	614	417
□300×150	300	150	12	36	96.1	75.4	10298	3498	10.35	6.03	687	466
□300×200	300	200	8.0	20	75.2	59.1	9389	5042	11.17	8.19	626	504
□300×200	300	200	10	25	92.6	72.7	11313	6058	11.05	8.09	754	606
□300×200	300	200	12	36	108.1	84.8	12788	6854	10.88	7.96	853	685
□300×300	300	300	10	25	112.6	88.4	15519	15519	11.74	11.74	1035	1035
□300×300	300	300	12	36	132.1	103.7	17767	17767	11.60	11.60	1184	1184

型号 (高×宽) (mm×mm)	截面尺寸 (mm)				截面面积 (cm²)	理论重量 (kg/m)	惯性矩 (cm⁴)		惯性半径 (cm)		截面模量 (cm³)	
	H	B	t	r			I_x	I_y	i_x	i_y	W_x	W_y
□350×350	350	350	10	25	132.6	104.1	25189	25189	13.78	13.78	1439	1439
□350×350	350	350	12	36	156.1	122.5	29054	29054	13.64	13.64	1660	1660
□400×150	400	150	10	25	102.6	80.5	19199	4107	13.68	6.33	960	548
□400×150	400	150	12	36	120.1	94.2	21731	4644	13.45	6.22	1087	619
□400×150	400	150	14	42	137.7	108.1	24328	5163	13.29	6.12	1216	688
□400×200	400	200	10	25	112.6	88.4	23003	7864	14.30	8.36	1150	786
□400×200	400	200	12	36	132.1	103.7	26248	8977	14.1	8.25	1312	898
□400×200	400	200	14	42	151.7	119.1	29545	10069	13.95	8.15	1477	1007
□400×250	400	250	12	36	144.1	113.1	30766	14962	14.61	10.19	1538	1197
□400×300	400	300	12	36	156.1	122.5	35284	22747	15.04	12.07	1764	1516
□400×300	400	300	14	42	179.7	141.1	39979	25748	14.91	11.97	1999	1717
□400×400	400	400	12	36	180.1	141.3	44319	44319	15.69	15.69	2216	2216
□400×400	400	400	14	42	207.7	163.1	50414	50414	15.58	15.58	2521	2521

型号 （高×宽） （mm×mm）	截面尺寸（mm）				截面面积 （cm²）	理论重量 （kg/m）	惯性矩（cm⁴）		惯性半径（cm）		截面模量（cm³）	
	H	B	t	r			I_x	I_y	i_x	i_y	W_x	W_y
□450×450	450	450	14	42	235.7	185.1	73210	73210	17.62	17.62	3254	3254
□500×200	500	200	12	36	156.1	122.5	46312	11101	17.23	8.43	1852	1109
□500×200	500	200	14	42	179.7	141.1	52390	12496	17.07	8.34	2096	1250
□500×200	500	200	16	48	202.8	159.2	58016	13771	16.91	8.24	2321	1377
□500×300	500	300	12	36	180.1	141.3	60603	27726	18.35	12.41	2424	1848
□500×400	500	400	14	42	235.7	185.1	83467	60848	19.04	16.07	3419	3042
□500×500	500	500	14	42	263.7	207.0	102005	102005	19.67	19.67	4080	4080
□500×500	500	500	16	48	298.8	234.5	114258	114258	19.56	19.56	4570	4570
□500×500	500	500	20	60	366.8	288.0	137094	137094	19.33	19.33	5484	5484
□500×500	500	500	22	66	399.9	313.9	147691	147691	19.22	19.22	5908	5908

注：冷成型钢管圆角 r 值应按本表执行；热轧钢管圆角 r 值与本表相同时可使用本表，热轧钢管圆角 r 值与本表不同时，可参照现行国家标准《结构用冷弯空心型钢》GB/T 6728 计算截面特性。

41

附录 B 组合异形柱的截面图示

常用组合异形柱的截面图示　　　　　　　　表 B

组合形式	截面形状	截面图示
方形钢管 组合异形柱	L形	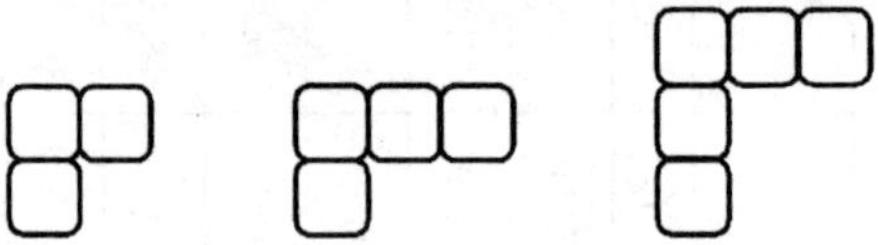
	T形	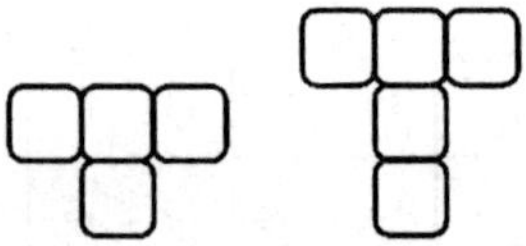
	十字形	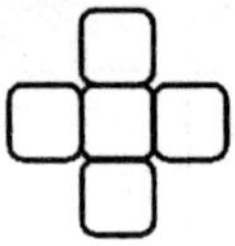
方形钢管＋T型 钢组合异形柱	L形	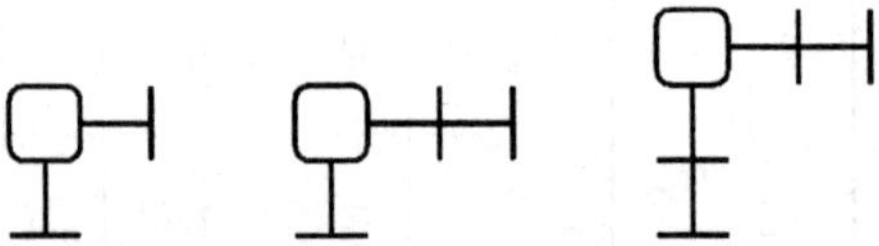
	T形	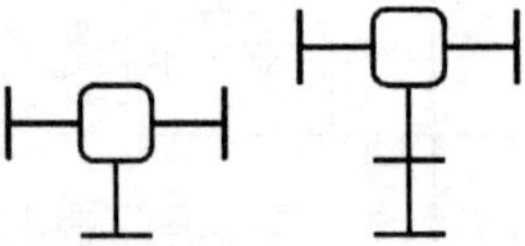
	十字形	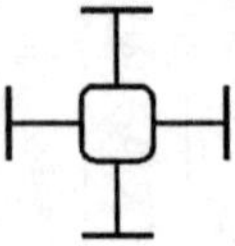

组合形式	截面形状	截面图示
方形钢管＋C型钢组合异形柱	L形	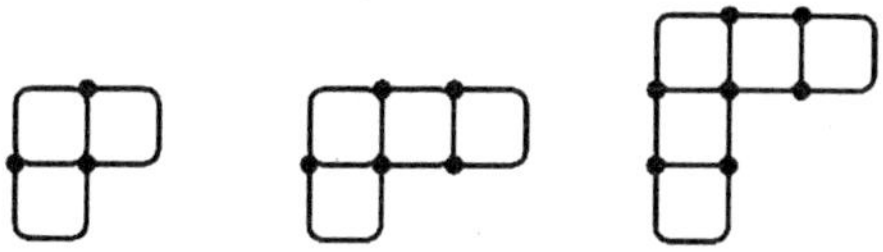
	T形	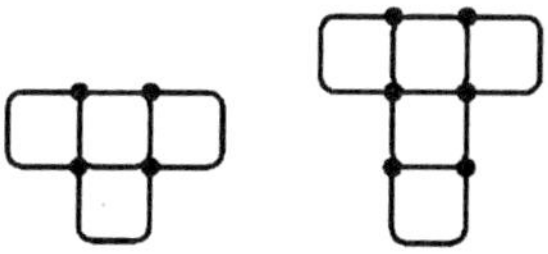
	十字形	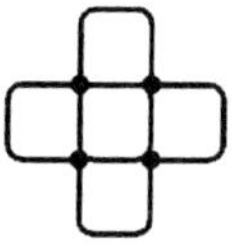
H型钢组合异形柱	L字形	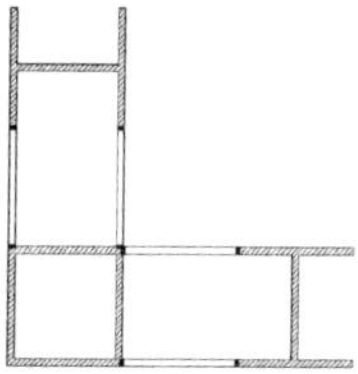
	T形	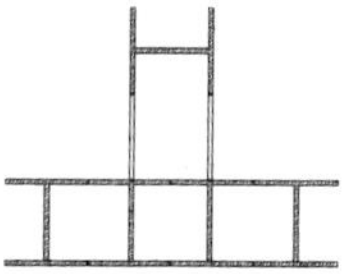
	十字形	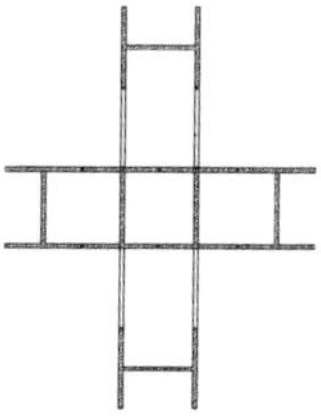

组合形式	截面形状	截面图示
H型钢+T型钢组合异形柱	L形	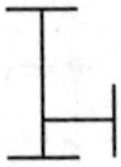 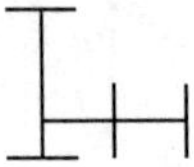
	T形	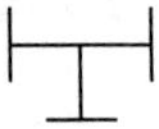 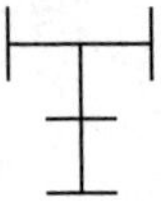
	十字形	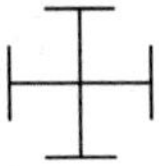

注：截面具体尺寸选取根据指南第 3.5 节确定。

附录 C　参考的主要标准规范

1 《建筑抗震设计规范》GB 50011

2 《钢结构设计标准》GB 50017

3 《钢管混凝土结构技术规范》GB 50936

4 《建筑模数协调标准》GB/T 50002

5 《装配式钢结构建筑技术标准》GB/T 51232

6 《碳素结构钢》GB/T 700

7 《低合金高强度结构钢》GB/T 1591

8 《连续热镀锌和锌合金镀层钢板及钢带》GB/T 2518

9 《结构用冷弯空心型钢》GB/T 6728

10 《热轧 H 型钢和剖分 T 型钢》GB/T 11263

11 《结构用方形和矩形热轧无缝钢管》GB/T 34201

12 《高层民用建筑钢结构技术规程》JGJ 99

13 《低层冷弯薄壁型钢房屋建筑技术规程》JGJ 227